THE DESIGNIN

做自己的生命設計師

你的專屬練習祕笈

WORKBOOK

「設計思考」不可或缺的互動實作指南

BILL BURNETT & DAVE EVANS

比爾‧柏內特 & 戴夫‧埃文斯 著　許恬寧 譯

成千上萬人改變了他們的人生，你也可以一起來。
《做自己的生命設計師》

「生活拋出問題，答案就藏在這本書裡。」
——《紐約時報》（*New York Times*）

HELLO

這本生命設計練習祕笈的主人：

目錄

前　言

每個人這輩子都被問過：「你以後要做什麼？」不論各位目前是十五歲或五十歲，這個問題都相當不好回答，但也不必把人生計畫想成這輩子「唯一的真愛」；畢竟人會一直成長、一直變化。人生很難預料，不一定會如我們預期的那樣，也因此我們需要的其實是一個「過程」，一個設計過程，找出自己目前身在何方、該朝哪裡走，想辦法打造出喜歡的生活。

我們在登上《紐約時報》暢銷排行榜的《做自己的生命設計師》（*Designing Your Life*），提到不少工具、問題和練習。這本《你的專屬練習祕笈》的用途就是提供一個特別的園地，讓讀者和這些工具、問題、練習互動一下。一切的原點，始於我們兩位作者在史丹佛大學開設的一門課。那門課協助學生在畢業後找到第一份工作，漸漸形成一股運動，鼓勵成千上萬的人一步步朝自己的目標邁進，就如設計師打造產品一般。

經過妥善設計的人生，將不斷帶來新生命——永遠具備創意與生產力，千變萬化。意想不到的驚喜，永遠在前方等候。

設計思維從採取五種簡單心態開始。這五種心態是各位的設計工具。掌握之後，萬事皆可達，你將打造出自己熱愛的人生。

當個好奇寶寶：帶著好奇心看世界時，萬事萬物皆新鮮，生活因而變成一種探索，事事好玩。最重要的是，好奇心會讓人「沒事就交到好運」。

試一試：「我到底要做什麼」這種問題，可能想個一百年都沒結論，坐而言不如起而行，開始幫自己開路吧。設計師永遠在東試試、西試試，打造出一個又一個原型，把失敗當成功之母，屢戰屢敗，直到找出行得通的方案，順利解決問題。

重擬問題：設計師讓自己不再卡住的辦法，就是換個方式思考，確認自己是在解決正確問題。關鍵的問題重擬能讓你跳脫出來，檢視自己的偏見，開啟新的問題解決空間。

一切都是過程：人生很麻煩，有時明明是努力進一步，卻像是退了兩步。過程之中的重點是「放手」──拋開最初的點子，忘掉「還不錯但普普通通」的解決方案。

請別人幫忙：最後，「通力合作」這個思考心態，或許是重點中的重點。人生不會是單打獨鬥，你需要一個團隊。最頂尖的設計師都知道，天時地利人和才能造就優秀的設計。

不論各位是剛畢業、在考慮轉行，或是規畫退休後的「第二春」，這本生命設計練習祕笈兼日誌，將協助你找出個人興趣，重拾目標，追蹤進度。我們會在這裡和你一起共同創造人生，你可以把我們想成你的個人設計團隊成員。這本練習祕笈可以單獨使用，也可以搭配《做自己的生命設計師》這本書或是我們的線上課程。不論你決定如何運用，別忘了人生沒有所謂的「錯誤答案」，我們也不會替你打分數。唯有你，才能設計出屬於你自己的生命。

接受你的現狀

各位得從目前的所在地出發——不是從你想抵達的地方,也不是從自認應該在的地方,而是從現今所在的地點。方法是把生活分成幾個領域來分析,包括工作、遊戲、愛、健康——這四件事會帶給你活力,讓你知道自己的旅程該往哪裡走,並且順利開啟人生。

牛 刀 小 試

從零到滿格，塗好儀表板上的格子，接著在下方空白處說明自己的情形。你的「遊戲」只有四分之一格，但「工作」已經爆滿了嗎？那「愛」呢？你的心理健康情形如何，心靈豐富嗎？怎樣才算「滿格」，答案由你決定！你的生活你最懂；這個儀表板的用意，是讓你意識到人生中哪個部分很圓滿，哪些領域則有點空虛。

儀表板

	0				滿格
工作					
遊戲					
愛					
健康					

工作：

遊戲：

愛：

健康：

思考一下，自己目前人在哪裡

進一步檢視你的儀表板，分別就四個領域寫下幾句話。

你覺得你的儀表板看起來如何？

_____
_____
_____
_____
_____
_____
_____
_____

按照你自己的定義，你的儀表板看起來
平衡嗎？還是失衡了？

_____
_____
_____
_____
_____
_____
_____
_____

有領域已經滿格或接近滿格嗎？
那樣感覺好不好？

_____
_____
_____
_____
_____
_____
_____
_____

有任何領域是空的嗎？你怎麼看？

_____
_____
_____
_____
_____
_____
_____
_____

哪些領域需要採取行動，想辦法改善
或創新？

_____

_____

_____

_____

_____

_____

_____

_____

哪些事情阻擋著你？

_____

_____

_____

_____

_____

_____

_____

_____

_____

你可以嘗試哪些小改變，簡單做做看，
並且持之以恆？

_____

_____

_____

_____

_____

_____

_____

_____

有沒有特別希望解決的問題？是哪些事？

_____

_____

_____

_____

_____

_____

_____

_____

好了，現在為了前方的旅程，應該把自己
導向正確的方向。各位需要一個羅盤。

打造你的人生羅盤

好羅盤在手，就有辦法和自己商量如何前進。各位如果明白自己是什麼樣的人、心中有哪些信念，也曉得自己在做什麼，明白當中的關聯，就能隨時掌握自己是否處於正軌，還是內心在打架；你將清楚何時必須小心做出妥協，或是該來個大轉彎。不管怎麼說，若要打造人生羅盤，首先你得釐清自己的工作觀與人生觀。

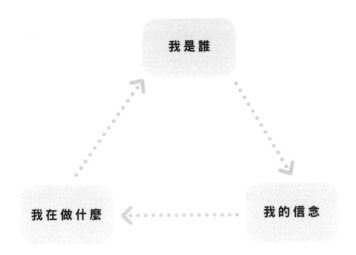

本節的目標很簡單，就是替你的人生找到「一致性」。人生具備一致性的意思是說，你清楚知道以上三點是如何連結在一起，也因此你愈來愈認識自己，替人生找到意義，感到心滿意足。如果這三點無法如你所願的連在一起，此時有兩種處理方式：（一）要是你目前還不能掙脫外在的束縛，也許得暫時妥協；或是（二）找出幾個需要解決的問題。

全天下的水手都知道，
不能把航道設成一條直線──
必須配合風向與當下的情形。

定 義 你 的 工 作 觀

請花三十分鐘的時間，回答以下問題。

我為了什麼而工作？

_____

_____

_____

_____

_____

工作和個人、他人、社會之間有什麼關聯？

_____

_____

_____

_____

_____

什麼叫「好工作」或值得做的工作？

_____

_____

_____

_____

金錢和工作的關聯是什麼？

_____

_____

_____

_____

經歷、成長、成就感和工作的
關聯是什麼？

_____

_____

_____

_____

_____

每個人一生追求的東西可能很類似，
例如：健康長壽的人生；
做起來開心又重要的工作；
充滿愛和意義的人際關係；
樂趣十足的人生等等。然而，
每個人預備得到這些東西的
方法，十分不同。

定 義 你 的 人 生 觀

請花三十分鐘的時間，回答以下問題。

人活在世上是為了什麼？

_____

_____

_____

_____

_____

_____

個人與他人之間的關聯是什麼？

_____

_____

_____

_____

_____

_____

家庭、國家與世上其他事，對我的人生有什麼意義？

_____

_____

_____

_____

世上是否有更崇高的力量？有的話，那對你的人生造成什麼影響？

_____

_____

_____

_____

喜悅、悲傷、正義、不公不義、愛、和平、衝突，在人生中扮演什麼角色？

_____

_____

_____

_____

_____

你的真北

工作觀和人生觀一旦一致了，你打造出的羅盤永遠能帶你到
「真北」。手上握有準確的羅盤，就永遠不會迷途太久。每
當你考慮改變生活、追求新的角色，或是在工作上感到迷
茫，先停下來確認羅盤，提醒自己該朝哪個方向走。

牛 刀 小 試

請思考以下問題，整合自己的工作觀與人生觀。然後你可能覺得需要回到
第 14 頁和 15 頁，修改一下工作觀與人生觀。

我的工作觀與人生觀有哪些相輔相成的地方？

哪些地方彼此矛盾？

我的工作觀是否帶來人生動力？我的人生觀是否帶來工作動力？怎麼說？

現在有了人生羅盤，該開始找路了。

好時光日誌

尋找人生道路時，沒有單一的明確目的地，因此無法將目標輸進 GPS，依據左拐右彎的指示，抵達終點。只能仔細觀察眼前的線索，想辦法靠著手中的工具前進，也就是「找路」。協助我們找到路的第一條線索是「投入程度」與「精力」。請仔細研究自己的一天，追蹤相關線索。

牛刀小試

請利用接下來的日誌空白處，記錄自己的日常活動，找出何時感到投入或進入心流（定義請見第48頁）、精力充沛或覺得無聊。當時你正在做什麼？請每天記錄，或至少兩、三天就記錄一次，一共記錄三星期。

各位可以參考比爾的好時光日誌：

- 藝術課
  有趣的人物寫生

- 擬定預算
  新年度的事務

- 辦公室時間
  大量ME-101新生

- 系所會議
  嗯……要看主題

- 教書
  很棒的課

- 指導碩班生
  眾多技術流程問題

- 運動
  今日3.2公里

- 約會之夜
  提早離開煮晚餐

日期：_____

心流 ☐
低　　　高
投入

0
負　　　正
精力

心流 ☐
低　　　高
投入

0
負　　　正
精力

心流 ☐
低　　　高
投入

0
負　　　正
精力

心流 ☐
低　　　高
投入

0
負　　　正
精力

心流 ☐
低　　　高
投入

0
負　　　正
精力

心流 ☐
低　　　高
投入

0
負　　　正
精力

心流 ☐
低　　　高
投入

0
負　　　正
精力

心流 ☐
低　　　高
投入

0
負　　　正
精力

找出
自己能享受
當下
的時刻

心流
低　高
投入

0
負　正
精力

心流
低　高
投入

0
負　正
精力

心流
低　高
投入

0
負　正
精力

心流
低　高
投入

0
負　正
精力

心流
低　高
投入

0
負　正
精力

心流
低　高
投入

0
負　正
精力

心流
低　高
投入

0
負　正
精力

心流
低　高
投入

0
負　正
精力

第一週

日期：

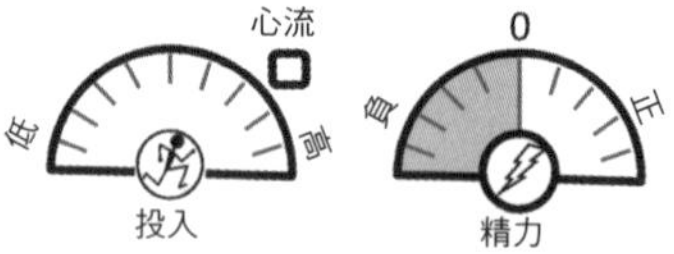
心流
低
高
投入
0
負
正
精力

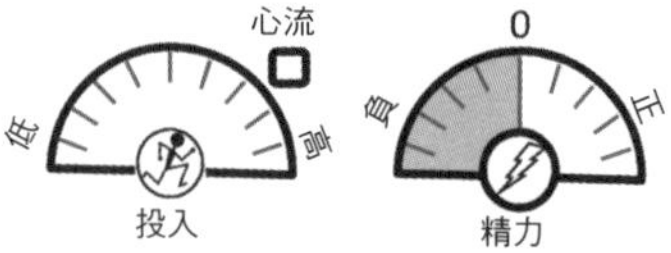
心流
低
高
投入
0
負
正
精力

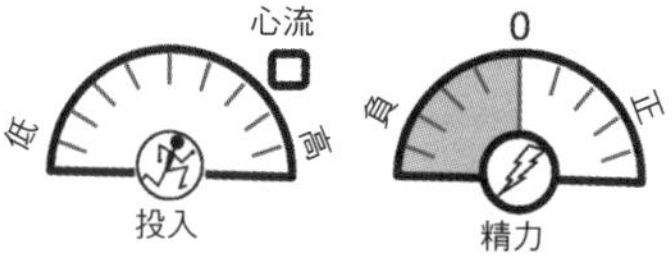
心流
低
高
投入
0
負
正
精力

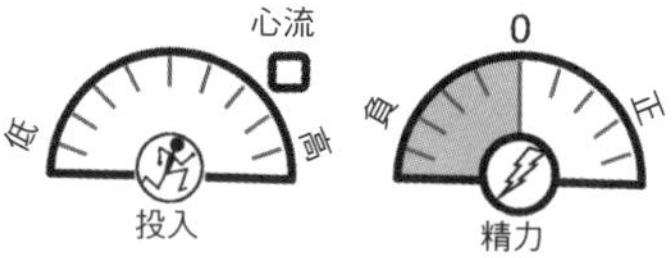
心流
低
高
投入
0
負
正
精力

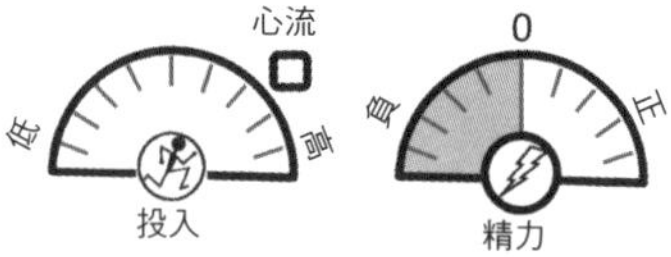
心流
低
高
投入
0
負
正
精力

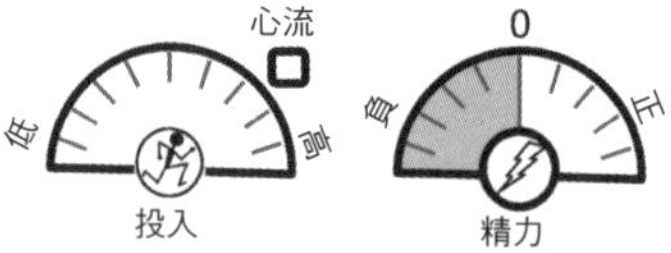
心流
低
高
投入
0
負
正
精力

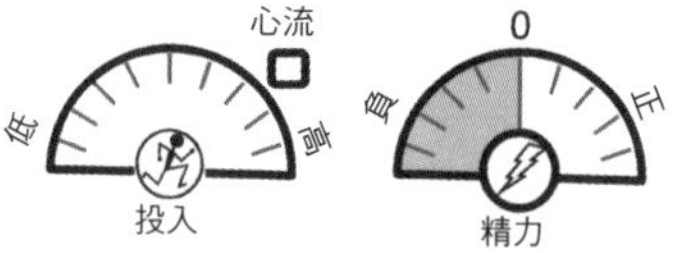
心流
低
高
投入
0
負
正
精力

心流
低
高
投入
0
負
正
精力

心流 ☐
低 　 高
投入

0
負 　 正
精力

心流 ☐
低 　 高
投入

0
負 　 正
精力

心流 ☐
低 　 高
投入

0
負 　 正
精力

心流 ☐
低 　 高
投入

0
負 　 正
精力

心流 ☐
低 　 高
投入

0
負 　 正
精力

心流 ☐
低 　 高
投入

0
負 　 正
精力

心流 ☐
低 　 高
投入

0
負 　 正
精力

心流 ☐
低 　 高
投入

0
負 　 正
精力

日期：＿＿＿＿＿＿＿＿＿＿＿＿＿＿＿＿

心流 □
低　投入　高
0
負　精力　正

心流 □
低　投入　高
0
負　精力　正

心流 □
低　投入　高
0
負　精力　正

心流 □
低　投入　高
0
負　精力　正

心流 □
低　投入　高
0
負　精力　正

心流 □
低　投入　高
0
負　精力　正

心流 □
低　投入　高
0
負　精力　正

心流 □
低　投入　高
0
負　精力　正

心流
低 □ 高
投入
0
精力

心流
低 □ 高
投入
0
精力

心流
低 □ 高
投入
0
精力

心流
低 □ 高
投入
0
精力

心流
低 □ 高
投入
0
精力

心流
低 □ 高
投入
0
精力

心流
低 □ 高
投入
0
精力

心流
低 □ 高
投入
0
精力

一 週 結 束 後 的 檢 討

我從事哪些活動時，時間咻一下就過去了？（「心流」的解釋，請見第 48 頁）

_____
_____
_____
_____
_____
_____

從事哪些活動之後，我感到精神振奮？

_____
_____
_____
_____
_____
_____

從事哪些活動之後，我覺得精疲力竭？

_____
_____
_____
_____
_____
_____

追尋
會讓自己
專注、興奮，
並且帶來

活力

的事物。

日期：＿＿＿＿＿＿＿＿＿＿＿＿＿＿

心流 □
低　　　　高
投入
0
精力

心流 □
低　　　　高
投入
0
精力

心流 □
低　　　　高
投入
0
精力

心流 □
低　　　　高
投入
0
精力

心流 □
低　　　　高
投入
0
精力

心流 □
低　　　　高
投入
0
精力

心流 □
低　　　　高
投入
0
精力

心流 □
低　　　　高
投入
0
精力

日期：_____

心流
□
低　　　高
投入

0
精力

心流
□
低　　　高
投入

0
精力

心流
□
低　　　高
投入

0
精力

心流
□
低　　　高
投入

0
精力

心流
□
低　　　高
投入

0
精力

心流
□
低　　　高
投入

0
精力

心流
□
低　　　高
投入

0
精力

心流
□
低　　　高
投入

0
精力

心流
□
低 　 高
投入

0
正
精力

心流
□
低 　 高
投入

0
正
精力

心流
□
低 　 高
投入

0
正
精力

心流
□
低 　 高
投入

0
正
精力

心流
□
低 　 高
投入

0
正
精力

心流
□
低 　 高
投入

0
正
精力

心流
□
低 　 高
投入

0
正
精力

心流
□
低 　 高
投入

0
正
精力

日期：＿＿＿＿＿＿＿＿＿＿＿＿＿＿＿

心流
0
低　投入　高
精力

心流
0
低　投入　高
精力

心流
0
低　投入　高
精力

心流
0
低　投入　高
精力

心流
0
低　投入　高
精力

心流
0
低　投入　高
精力

心流
0
低　投入　高
精力

心流
0
低　投入　高
精力

日期：————————————————

低 投入 心流 □ 高

0 精力 正

低 投入 心流 □ 高

0 精力 正

低 投入 心流 □ 高

0 精力 正

低 投入 心流 □ 高

0 精力 正

低 投入 心流 □ 高

0 精力 正

低 投入 心流 □ 高

0 精力 正

低 投入 心流 □ 高

0 精力 正

低 投入 心流 □ 高

0 精力 正

日期：＿＿＿＿＿＿＿＿＿＿＿＿＿＿

心流 ☐
低　　　　　強
投入

0
負　　　　正
精力

心流 ☐
低　　　　　強
投入

0
負　　　　正
精力

心流 ☐
低　　　　　強
投入

0
負　　　　正
精力

心流 ☐
低　　　　　強
投入

0
負　　　　正
精力

心流 ☐
低　　　　　強
投入

0
負　　　　正
精力

心流 ☐
低　　　　　強
投入

0
負　　　　正
精力

心流 ☐
低　　　　　強
投入

0
負　　　　正
精力

心流 ☐
低　　　　　強
投入

0
負　　　　正
精力

心流
低 投入 高

0
負 精力 正

心流
低 投入 高

0
負 精力 正

心流
低 投入 高

0
負 精力 正

心流
低 投入 高

0
負 精力 正

心流
低 投入 高

0
負 精力 正

心流
低 投入 高

0
負 精力 正

心流
低 投入 高

0
負 精力 正

心流
低 投入 高

0
負 精力 正

日期：_____

心流 □
低　投入　高

0
負　精力　正

心流 □
低　投入　高

0
負　精力　正

心流 □
低　投入　高

0
負　精力　正

心流 □
低　投入　高

0
負　精力　正

心流 □
低　投入　高

0
負　精力　正

心流 □
低　投入　高

0
負　精力　正

心流 □
低　投入　高

0
負　精力　正

心流 □
低　投入　高

0
負　精力　正

心流
0
低 高 負 正
投入 精力

心流
0
低 高 負 正
投入 精力

心流
0
低 高 負 正
投入 精力

心流
0
低 高 負 正
投入 精力

心流
0
低 高 負 正
投入 精力

心流
0
低 高 負 正
投入 精力

心流
0
低 高 負 正
投入 精力

心流
0
低 高 負 正
投入 精力

讓自己
活力
充沛。

心流
低 □ 0
投入 高 負 正
精力

心流
低 □ 0
投入 高 負 正
精力

心流
低 □ 0
投入 高 負 正
精力

心流
低 □ 0
投入 高 負 正
精力

心流
低 □ 0
投入 高 負 正
精力

心流
低 □ 0
投入 高 負 正
精力

心流
低 □ 0
投入 高 負 正
精力

心流
低 □ 0
投入 高 負 正
精力

日期：＿＿＿＿＿＿＿＿＿＿＿＿

心流

投入

精力

心流
低 投入
0 精力

心流
低 投入
0 精力

心流
低 投入
0 精力

心流
低 投入
0 精力

心流
低 投入
0 精力

心流
低 投入
0 精力

心流
低 投入
0 精力

心流
低 投入
0 精力

一 週 結 束 後 的 檢 討

我從事哪些活動時，時間咻一下就過去了？（「心流」的解釋，請見第 48 頁）

從事哪些活動之後，我感到精神振奮？

從事哪些活動之後，我覺得精疲力竭？

註記你的
好時光日誌

現在請回顧先前的日誌，找出一天之中的高潮與低潮時刻，接著從那裡深入挖掘。利用接下來幾頁的空白處，特別記下自己從事哪些活動時能夠投入、產生心流、精力增加或是耗損。

投入

心流

投入

你在什麼時候感到投入——興奮、專注,而且享受當下?找出「好時光日誌」中這樣的時刻,在下方一一列出:

_____

_____

_____

_____

_____

_____

_____

_____

_____

_____

_____

_____

_____

_____

_____

_____

_____

心流

處於心流的人,完全投入活動,感到狂喜或幸福,心中澄明,全然鎮定,或是時間彷彿靜止下來。真正令人滿意的職涯會充滿心流的狀態。請回顧圖中你將「心流」打勾的項目,列在下方:

_____

_____

_____

_____

_____

_____

_____

_____

_____

_____

_____

_____

_____

_____

_____

_____

正負精力

有的活動可以維持精力，有的則會消耗精力，使我們無力做後續的事。
請留意，「精力」與「投入」不一樣，有的活動雖然令人投入，也使人疲憊。請列出相關活動：

帶來精力的活動

_____
_____
_____
_____
_____
_____
_____
_____
_____
_____
_____
_____
_____
_____
_____

消耗精力的活動

_____
_____
_____
_____
_____
_____
_____
_____
_____
_____
_____
_____
_____
_____
_____

AEIOU 法：
找出生活中美好的事

為了明確找出究竟該往哪裡走，我們得盡量抓準哪些事行得
通、哪些行不通。請回顧第 48 頁至 49 頁的日誌註記，找
出你高度投入或體驗到心流狀態的活動。接著利用「AEIOU
法」，找出當時究竟為什麼能夠進入這樣的狀態。

牛 刀 小 試

在接下來幾頁，請先列出四種讓你感到開心的關鍵體驗或活動。接
著回答問題，深入分析，答案愈詳細愈好。

活動（Activities）：你當時在做什麼？有明確安排或是隨性的活動嗎？你是領袖，還是參加者？

_____

_____

_____

環境（Environments）：你當時人在什麼樣的地方？那個地方帶來什麼感受？

_____

_____

_____

互動（Interactions）：是否有其他人參與相同的活動？你們之間是正式或非正式的互動？

_____

_____

_____

物品（Objects）：你做那件事的時候，是否使用任何物品或裝置？有的話，哪些東西讓你持續投入？

_____

_____

_____

使用者（Users）：一旁還有誰？他們在你的體驗中扮演什麼角色？

_____

_____

_____

2 開心時刻

活動（**A**ctivities）： 你當時在做什麼？有明確安排或是隨性的活動嗎？你是領袖，還是參加者？

_____

_____

_____

環境（**E**nvironments）： 你當時人在什麼樣的地方？那個地方帶來什麼感受？

_____

_____

_____

互動（**I**nteractions）： 是否有其他人參與相同的活動？你們之間是正式或非正式的互動？

_____

_____

_____

物品（**O**bjects）： 你做那件事的時候，是否使用任何物品或裝置？有的話，哪些東西讓你持續投入？

_____

_____

_____

使用者（**U**sers）： 一旁還有誰？他們在你的體驗中扮演什麼角色？

_____

_____

_____

開心時刻

活動（**A**ctivities）：你當時在做什麼？有明確安排或是隨性的活動嗎？你是領袖，還是參加者？

_____

_____

_____

環境（**E**nvironments）：你當時人在什麼樣的地方？那個地方帶來什麼感受？

_____

_____

_____

互動（**I**nteractions）：是否有其他人參與相同的活動？你們之間是正式或非正式的互動？

_____

_____

_____

物品（**O**bjects）：你做那件事的時候，是否使用任何物品或裝置？有的話，哪些東西讓你持續投入？

_____

_____

_____

使用者（**U**sers）：一旁還有誰？他們在你的體驗中扮演什麼角色？

_____

_____

_____

4 開心時刻

_____

活動（Activities）：你當時在做什麼？有明確安排或是隨性的活動嗎？你是領袖，還是參加者？

_____

_____

_____

環境（Environments）：你當時人在什麼樣的地方？那個地方帶來什麼感受？

_____

_____

_____

互動（Interactions）：是否有其他人參與相同的活動？你們之間是正式或非正式的互動？

_____

_____

_____

物品（Objects）：你做那件事的時候，是否使用任何物品或裝置？有的話，哪些東西讓你持續投入？

_____

_____

_____

使用者（Users）：一旁還有誰？他們在你的體驗中扮演什麼角色？

_____

_____

_____

回顧過去的輝煌時刻

過往的經驗也能帶來線索——請寫下你曾站在世界頂端、真心享受的「高峰經驗」。不論是某次你在公司帶領新專案、某次學校作業做報告、參加過的夏令營、喜愛的義工活動等等。用幾段話，寫下一直留存在腦海中的美好回憶。也記錄在那次高峰經驗中，自己最投入、帶來最多精力的事。

AEIOU 法：
找出生活中糟糕的事

找出「好時光日誌」中，哪些時候你感到無法投入、精力被吸走。盡量找出你不喜歡的細節。你精神集中的狀況可能會受到別人的激勵或破壞，端視合作形式而定。舉例來說，你以為自己不喜歡和別人一起工作，但「AEIOU 法」也許會讓你發現，你其實喜歡小型團隊的方式，和別人進行創意型計畫，但不喜歡參加討論商業策略的大型會議。

牛 刀 小 試

如同先前分析開心的時刻，至少找出四個低潮時刻。接著回答問題，釐清自己究竟為什麼感到不舒服。

低潮時刻 _____

活動（Activities）： 你當時在做什麼？是有明確安排或是隨性的活動？你是領袖，還是參加者？

_____

_____

_____

環境（Environments）： 你當時人在什麼樣的地方？那個地方帶來什麼感受？

_____

_____

_____

互動（Interactions）： 是否有其他人參與相同的活動？你們之間是正式或非正式的互動？

_____

_____

_____

物品（Objects）： 你做那件事的時候，是否使用任何物品或裝置？有的話，哪些東西讓你持續投入？

_____

_____

_____

使用者（Users）： 一旁還有誰？他們在你的體驗中扮演什麼角色？

_____

_____

_____

活動（**A**ctivities）： 你當時在做什麼？是有明確安排或是隨性的活動？你是領袖，還是參加者？

_____

_____

_____

環境（**E**nvironments）： 你當時人在什麼樣的地方？那個地方帶來什麼感受？

_____

_____

_____

互動（**I**nteractions）： 是否有其他人參與相同的活動？你們之間是正式或非正式的互動？

_____

_____

_____

物品（**O**bjects）： 你做那件事的時候，是否使用任何物品或裝置？有的話，哪些東西讓你持續投入？

_____

_____

_____

使用者（**U**sers）： 一旁還有誰？他們在你的體驗中扮演什麼角色？

_____

_____

_____

低潮時刻 _____

活動（**A**ctivities）： 你當時在做什麼？是有明確安排或是隨性的活動？你是領袖，還是參加者？

_____

_____

環境（**E**nvironments）： 你當時人在什麼樣的地方？那個地方帶來什麼感受？

_____

_____

互動（**I**nteractions）： 是否有其他人參與相同的活動？你們之間是正式或非正式的互動？

_____

_____

物品（**O**bjects）： 你做那件事的時候，是否使用任何物品或裝置？有的話，哪些東西讓你持續投入？

_____

_____

使用者（**U**sers）： 一旁還有誰？他們在你的體驗中扮演什麼角色？

_____

_____

活動（**A**ctivities）：你當時在做什麼？有明確安排或是隨性的活動嗎？你是領袖，還是參加者？

_____

_____

_____

環境（**E**nvironments）：你當時人在什麼樣的地方？那個地方帶來什麼感受？

_____

_____

_____

互動（**I**nteractions）：是否有其他人參與相同的活動？你們之間是正式或非正式的互動？

_____

_____

_____

物品（**O**bjects）：你做那件事的時候，是否使用任何物品或裝置？有的話，哪些東西讓你持續投入？

_____

_____

_____

使用者（**U**sers）：一旁還有誰？他們在你的體驗中扮演什麼角色？

_____

_____

_____

現在各位手上有了人生羅盤與好時光日誌帶來的心得助陣，
就算不曉得明確的終點在哪裡，也有辦法找該走哪條路。

你和
美國探險家
劉易斯與克拉克
一樣，
開始替自己發現的
新天地繪製地圖，
看出前方
新的可能性。

一卡關就脫身

我們人生的某些面向多多少少是卡住了，因此需要發想。「發想」的意思，其實就是「想出很多點子」，只不過「發想」兩個字聽起來比較炫。不再卡關的方法，就是想出很多點子，給自己許多選項，天馬行空也沒關係。記住，有大量的點子可以考慮時，就更能好好選擇。不論碰上什麼問題，永遠不要只想出一個辦法就埋頭去做。

牛 刀 小 試

寫下你對自己的創意天賦毫不忸怩的經驗——童年時期的也可以。隨心所
欲地畫畫，不怕被批評很醜，或是高歌一曲，不在意好不好聽，那是什麼
樣的感受？試著回想那些只為了樂趣而發揮創意的時刻。你如何才能再次
獲得那樣的活力？

心智圖

心智圖法可以協助你開啟直覺，找出能夠加以測試的點子。
很簡單，只需要自由聯想字詞（用上大腦的一側），在紙上
畫一畫（用上大腦的另一側），就能得出數十個讓你意想不
到的點子。這個技巧是一種視覺法，而且完成的速度要快，
不能多想，這樣才能跳過內心的邏輯／文字審查。

畫 出 心 智 圖 的 三 步 驟

選擇一個主題：回顧你的「好時光日誌」（第 20 頁至 49 頁），選擇一個曾經讓你投入、帶來精力或產生心流狀態的活動。試著用一、兩個字詞說明那項活動的本質，當成心智圖的主題。在一大張紙的中央，寫下那個主題，接著圈起來。

畫心智圖：用三到五分鐘的時間，寫下與主題相關的五、六件事。想到什麼就寫什麼，接著全部圈起來。不要多想，也不要批評。重複步驟二，在第二圈寫下與第一圈相關的字詞。再次重複，從每一個衍生的字詞，接三至四條線出來，寫下與第二圈更相關的點子（不必和最中間的主題或第一圈相關）。重複這個流程，直到至少有第三圈、第四圈的字詞聯想。

把所有點子混合在一起：自隨機聯想的最外圈，挑出有趣或特別顯眼的點子。那些點子不一定彼此相關，想辦法把幾個獨立的元素，拼成數個你想嘗試的可能性。

接下來會帶大家在點格紙摺頁上，分別畫出「投入」、「精力」、「心流」的心智圖。再來在第 79 頁，我們會將幾張心智圖的點子混合起來。

1

投 入

從你的「好時光日誌」選擇一項使你全神貫注的活動。以一、兩個字詞說明這項活動的本質,寫在點格紙的中央。接著用三到五分鐘,在那個主題的周圍畫出心智圖。

創意的

頭號敵人

是批判。

精 力

從你的「好時光日誌」選擇一項讓你充滿活力的活動。以一、兩個字詞說明這項活動的本質,寫在點格紙的中央。接著用三到五分鐘,在那個主題的周圍畫出心智圖。

不要再試圖
「選擇正確道路」；
請開始設計
通往未來的路。

心 流

從你的「好時光日誌」選擇一項讓你進入心流的活動。以一、兩個字詞說明這項活動的本質,寫在點格紙的中央。接著用三到五分鐘,在那個主題的周圍畫出心智圖。

設計師知道，

永遠不要

碰上第一個點子，

就貿然投入。

心智圖
整合時間

好了，三張心智圖都大功告成了。現在的任務是選擇幾個隨機的點子，用你自己從未想過的方式湊在一起。接著，替每一種組合想像一個有趣的人生，即使聽起來不切實際也沒關係。發想的時候，先要求腦中習慣否定點子的聲音安靜點，晚一點再批評。

重組「投入心智圖」

看著先前畫好的「投入心智圖」，挑選最外圈三個引起你注意的字詞（各位憑直覺就會知道該挑哪幾個。請留意「跳到眼前」的字詞）。

1. _____

2. _____

3. _____

試著用這三個字詞，拼湊出一個你覺得有趣、可以助人的工作（天馬行空也沒關係）。替這份工作取一個名字，描述工作內容，接著用簡單幾筆，隨手在紙巾上畫出這個新工作。

職稱：_____

職務內容：_____

_____

紙巾隨手畫：

接受問題。
卡住。
發想，
克服障礙！

重組「精力心智圖」

看著先前畫好的精力心智圖，挑選最外圈三個引起你注意的字詞：

1. _____

2. _____

3. _____

試著用這三個字詞，拼湊出一個你覺得有趣、可以助人的工作（天馬行空也沒關係）。替這份工作取一個名字，描述工作內容，接著用簡單幾筆，隨手在紙巾上畫出這個新工作。

職稱：_____

職務內容：_____

_____

紙巾隨手畫：

重組「心流心智圖」

看著先前畫好的心流心智圖，挑選最外圈三個引起你注意的字詞：

1. _____

2. _____

3. _____

試著用這三個字詞，拼湊出一個你覺得有趣、可以助人的工作（天馬行空也沒關係）。替這份工作取一個名字，描述工作內容，接著用簡單幾筆，隨手在紙巾上畫出這個新工作。

職稱：_____

職務內容：_____

_____

紙巾隨手畫：

生命設計的
重點
是給自己
選項。

各位已經成功脫困，從卡在「解決問題」（我接下來要做什麼？），進入「設計思考」（我可以設想哪些事？）。現在是靠著創意發想，展開人生下一場冒險的時候了。

打造你的奧德賽計畫

每一個人都同時擁有多采多姿的面向,感覺起來不一樣,但那全都是你。也因此,這裡不只要請各位設計出「一種」人生,而是「多種」人生。想像一下自己能以多種方式展開人生的下一章,擬定「奧德賽計畫」:描繪出各種可行、持久的可能計畫,協助自己開啟想像力,做出更好的選擇。即便你已經有一個「人生至高無上的計畫」,不打算更改,也需要想出其他可能的選項,才不會卡在同一個計畫,反覆修正。

奧德賽計畫包含以下要素：

1. 一條視覺／圖示時間軸。即便是個人生活以及和事業無關的事，也要放上去（例如：下圖的「第一年」，放進了上酒保學校及個人瑜伽練習）。

2. 用一個小標題，點出那個奧德賽計畫的主要精神。

3. 寫下二至三個這個人生選項會處理的問題。這個步驟的重點不是點出計畫哪裡有問題，而是找出以這種方式生活五年後，可以滿足的好奇心。

4. 在儀表板上評估幾件事：
   a. 資源（你是否擁有執行此一計畫所需的時間、金錢、技能、人脈？）
   b. 喜歡程度（這個計畫帶給你什麼感受？）
   c. 自信程度（你有多確定這個計畫行得通？）
   d. 一致性（這個計畫符合你的工作觀與人生觀嗎？）

範例：「建立社群——乾杯！」

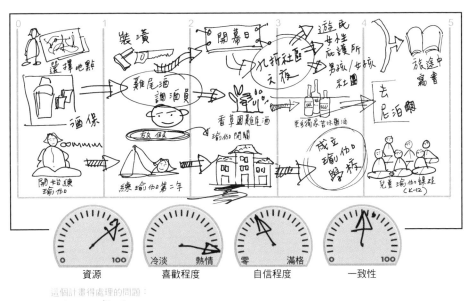

牛 刀 小 試

請替自己定出三個五年計畫。各位可以模仿第 83 頁的範例，畫出心智圖組合。

第一種人生： 你目前的人生，或是你已經醞釀一段時間的點子。

標題：＿＿＿＿＿＿＿＿＿＿＿＿＿＿＿＿＿＿＿＿＿＿＿＿＿＿＿

| 0 | 1 | 2 | 3 | 4 |

資源 喜歡程度 自信程度 一致性

這個計畫得處理的問題：

_____

_____

_____

_____

_____

_____

_____

_____

第二種人生：萬一第一種人生突然生變，你想做的事。

標題：＿＿＿＿＿＿＿＿＿＿＿＿＿＿＿＿＿＿＿＿＿＿＿＿＿＿＿＿＿＿＿

0   1   2   3   4   5

資源	喜歡程度	自信程度	一致性
0 100	冷淡 熱情	零 滿格	0 100

這個計畫得處理的問題：

＿＿＿＿＿＿＿＿＿＿＿＿＿＿＿＿＿＿＿＿＿＿＿＿＿＿＿＿＿＿＿＿＿＿

＿＿＿＿＿＿＿＿＿＿＿＿＿＿＿＿＿＿＿＿＿＿＿＿＿＿＿＿＿＿＿＿＿＿

＿＿＿＿＿＿＿＿＿＿＿＿＿＿＿＿＿＿＿＿＿＿＿＿＿＿＿＿＿＿＿＿＿＿

＿＿＿＿＿＿＿＿＿＿＿＿＿＿＿＿＿＿＿＿＿＿＿＿＿＿＿＿＿＿＿＿＿＿

＿＿＿＿＿＿＿＿＿＿＿＿＿＿＿＿＿＿＿＿＿＿＿＿＿＿＿＿＿＿＿＿＿＿

＿＿＿＿＿＿＿＿＿＿＿＿＿＿＿＿＿＿＿＿＿＿＿＿＿＿＿＿＿＿＿＿＿＿

＿＿＿＿＿＿＿＿＿＿＿＿＿＿＿＿＿＿＿＿＿＿＿＿＿＿＿＿＿＿＿＿＿＿

＿＿＿＿＿＿＿＿＿＿＿＿＿＿＿＿＿＿＿＿＿＿＿＿＿＿＿＿＿＿＿＿＿＿

第三種人生：如果錢不是問題，你想做的事或你想過的生活。

標題：＿＿＿＿＿＿＿＿＿＿＿＿＿＿＿＿＿＿＿＿＿＿＿＿＿＿＿＿＿＿

0	1	2	3	4

資源　　　　　喜歡程度　　　　　自信程度　　　　　一致性

冷淡　熱情　　　零　滿格

這個計畫得處理的問題：

＿＿＿＿＿＿＿＿＿＿＿＿＿＿＿＿＿＿＿＿＿＿＿＿＿＿＿＿＿＿＿＿＿＿＿＿＿

＿＿＿＿＿＿＿＿＿＿＿＿＿＿＿＿＿＿＿＿＿＿＿＿＿＿＿＿＿＿＿＿＿＿＿＿＿

＿＿＿＿＿＿＿＿＿＿＿＿＿＿＿＿＿＿＿＿＿＿＿＿＿＿＿＿＿＿＿＿＿＿＿＿＿

＿＿＿＿＿＿＿＿＿＿＿＿＿＿＿＿＿＿＿＿＿＿＿＿＿＿＿＿＿＿＿＿＿＿＿＿＿

＿＿＿＿＿＿＿＿＿＿＿＿＿＿＿＿＿＿＿＿＿＿＿＿＿＿＿＿＿＿＿＿＿＿＿＿＿

＿＿＿＿＿＿＿＿＿＿＿＿＿＿＿＿＿＿＿＿＿＿＿＿＿＿＿＿＿＿＿＿＿＿＿＿＿

＿＿＿＿＿＿＿＿＿＿＿＿＿＿＿＿＿＿＿＿＿＿＿＿＿＿＿＿＿＿＿＿＿＿＿＿＿

＿＿＿＿＿＿＿＿＿＿＿＿＿＿＿＿＿＿＿＿＿＿＿＿＿＿＿＿＿＿＿＿＿＿＿＿＿

＿＿＿＿＿＿＿＿＿＿＿＿＿＿＿＿＿＿＿＿＿＿＿＿＿＿＿＿＿＿＿＿＿＿＿＿＿

思 考 你 的 計 畫

和不同的人生可能性互動的最佳方式，就是大聲說出來，和一群朋友分享。
請把你的計畫告訴會問好問題、不會亂批評或潑冷水的人。利用這幾頁，記
下你提出三個奧德賽計畫時所想到的事情與問題。你可以考量以下幾個問題：

哪個計畫最令你感到興奮？

_____

_____

_____

_____

_____

哪個計畫令你感到很累人？

_____

_____

_____

_____

_____

哪個計畫是打安全牌？哪個有風險？

_____

_____

_____

_____

當你回想或比較自己的儀表板時，注意到
哪些事情？你是否漸漸發現自己有一些偏
好的條件？

_____

_____

_____

_____

選擇這些道路時，你心中有哪些疑慮？

_____

_____

_____

_____

你可以如何打造原型，或是嘗試這些體驗，
多深入瞭解一點？

_____

_____

_____

_____

擬出好問題

探索奧德賽計畫及其他目標時，與他人一起自由
聯想，將使你躍躍欲試。請找出願意一起探索點
子的朋友，人數最少三人，最多六人。聚會時，
提出一個與你的奧德賽計畫有關、沒有標準答案
的問題，當成腦力激盪的題目。例如，你可以問
大家：「如果走了這條路或選了這種職業生涯，
可以做到哪些事情？」或是：「在我跳下去做之
前，可以如何先做功課，瞭解一下走這條路會發
生什麼事？」把討論的結果，記錄在下面幾頁的
空白處。

腦力激盪原則

重量不重質。

避免馬上批評，不要覺得有的點子不該提。

從別人的點子接力發想。

鼓勵瘋狂點子。

腦力激盪

日期：_____

問題：_____

筆記：_____

取 名 字 與 整 理 點 子

完成腦力激盪後，回答以下問題，整理眾人想出的點子。

你們想出多少個點子？

_____

_____

_____

_____

_____

哪兩個點子最令人興奮？

_____

_____

_____

_____

_____

如果不必擔心錢的事，你想嘗試哪一個點子？

_____

_____

_____

_____

_____

哪一個點子大概行不通，但如果可以，
人生就太美好了？

_____

_____

_____

_____

_____

哪些點子好像可行？

_____

_____

_____

_____

_____

你想嘗試的第一個點子是什麼？第二個呢？

_____

_____

_____

_____

_____

腦力激盪 2

日期：_____

問題：_____

筆記：_____

取 名 字 與 整 理 點 子

完成腦力激盪後，回答以下問題，整理眾人想出的點子。

你們想出多少個點子？

哪兩個點子最令人興奮？

如果不必擔心錢的事，你想嘗試哪一個點子？

哪一個點子大概行不通，但如果可以，人生就太美好了？

哪些點子好像可行？

你想嘗試的第一個點子是什麼？第二個呢？

日期：_____

問題：_____

筆記：_____

取 名 字 與 整 理 點 子

完成腦力激盪後，回答以下問題，整理眾人想出的點子。

你們想出多少個點子？

_____

_____

_____

_____

_____

哪兩個點子最令人興奮？

_____

_____

_____

_____

_____

如果不必擔心錢的事，你想嘗試哪一個點子？

_____

_____

_____

_____

_____

哪一個點子大概行不通，但如果可以，
人生就太美好了？

_____

_____

_____

_____

哪些點子好像可行？

_____

_____

_____

_____

你想嘗試的第一個點子是什麼？第二個呢？

_____

_____

_____

_____

進 一 步 篩 選 點 子

萬一各位手邊有太多選擇，不知如何是好，關鍵在於明白若是選項過多，那就和沒選擇是一樣的。唯有從中擇一、加以執行，選項才會替人生創造價值。

牛 刀 小 試

從第 90 頁到 95 頁的腦力激盪結果中，挑出十二個選項，列在下方：

1. _____
2. _____
3. _____
4. _____
5. _____
6. _____
7. _____
8. _____
9. _____
10. _____
11. _____
12. _____

考量你的工作觀、人生觀、奧德賽計畫，刪去七個不符合自我認同的選項。重新謄寫一遍剩下的五個選項：

1. _____
2. _____
3. _____
4. _____
5. _____

好了，現在你面臨不管怎樣選都很好的情境。五個選項都具備策略價值，此時可以依據次要的考量（通勤方便、日後說故事的好題材）來決定。

採取行動後，
才可能開拓
前方的
道路。

打造你的
各種原型

設計師以行動為導向。多思無益，紙上談兵或是讀很多東西也無益，不如做點小型實驗、和人見見面，利用實作經驗，探索你的選項。我們稱這種真實世界中的親身體驗為「原型設計」。

原型設計的例子：

1. 針對你想做的事，和業界人士聊一聊（生命設計訪談）。

2. 針對你想從事的行業，跟在在職人士身邊。

3. 做一個星期自己設計的無酬探索專案。

4. 實習三個月。

5. 先以小規模的方式，做做看你想從事的行業（例如先承辦外燴，不要直接開餐廳）。

有哪些體驗也能助你一臂之力？一起加進來：

6. _____

7. _____

8. _____

生命設計
對話追蹤

針對你目前考慮的計畫（不論是一個或多個），尋找已經在
做那件事、那樣過生活的人士，請對方和你聊一聊。在接下
來幾頁，記錄你進行過的所有生命設計對話。

聯絡人姓名：_____

公司：_____

聯絡日期：_____

回應：_____

見面日期：_____

對話筆記：_____

_____

_____

_____

_____

_____

_____

_____

_____

_____

_____

_____

_____

_____

_____

_____

對 話 2

聯絡人姓名：＿＿＿＿＿＿＿＿＿＿＿＿＿＿＿＿＿＿＿＿＿＿＿＿＿＿

公司：＿＿＿＿＿＿＿＿＿＿＿＿＿＿＿＿＿＿＿＿＿＿＿＿＿＿＿＿＿＿

聯絡日期：＿＿＿＿＿＿＿＿＿＿＿＿＿＿＿＿＿＿＿＿＿＿＿＿＿＿＿

回應：＿＿＿＿＿＿＿＿＿＿＿＿＿＿＿＿＿＿＿＿＿＿＿＿＿＿＿＿＿＿

見面日期：＿＿＿＿＿＿＿＿＿＿＿＿＿＿＿＿＿＿＿＿＿＿＿＿＿＿＿

對話筆記：＿＿＿＿＿＿＿＿＿＿＿＿＿＿＿＿＿＿＿＿＿＿＿＿＿＿＿

＿＿＿＿＿＿＿＿＿＿＿＿＿＿＿＿＿＿＿＿＿＿＿＿＿＿＿＿＿＿＿＿＿

＿＿＿＿＿＿＿＿＿＿＿＿＿＿＿＿＿＿＿＿＿＿＿＿＿＿＿＿＿＿＿＿＿

＿＿＿＿＿＿＿＿＿＿＿＿＿＿＿＿＿＿＿＿＿＿＿＿＿＿＿＿＿＿＿＿＿

＿＿＿＿＿＿＿＿＿＿＿＿＿＿＿＿＿＿＿＿＿＿＿＿＿＿＿＿＿＿＿＿＿

＿＿＿＿＿＿＿＿＿＿＿＿＿＿＿＿＿＿＿＿＿＿＿＿＿＿＿＿＿＿＿＿＿

＿＿＿＿＿＿＿＿＿＿＿＿＿＿＿＿＿＿＿＿＿＿＿＿＿＿＿＿＿＿＿＿＿

＿＿＿＿＿＿＿＿＿＿＿＿＿＿＿＿＿＿＿＿＿＿＿＿＿＿＿＿＿＿＿＿＿

＿＿＿＿＿＿＿＿＿＿＿＿＿＿＿＿＿＿＿＿＿＿＿＿＿＿＿＿＿＿＿＿＿

＿＿＿＿＿＿＿＿＿＿＿＿＿＿＿＿＿＿＿＿＿＿＿＿＿＿＿＿＿＿＿＿＿

＿＿＿＿＿＿＿＿＿＿＿＿＿＿＿＿＿＿＿＿＿＿＿＿＿＿＿＿＿＿＿＿＿

＿＿＿＿＿＿＿＿＿＿＿＿＿＿＿＿＿＿＿＿＿＿＿＿＿＿＿＿＿＿＿＿＿

＿＿＿＿＿＿＿＿＿＿＿＿＿＿＿＿＿＿＿＿＿＿＿＿＿＿＿＿＿＿＿＿＿

打造原型的目的包括
問**好問題**、製造體驗、
找出自身成見、快速失敗，
在失敗中前進、
偷窺一下未來，
促進自己與他人的**思考**。

對 話 3

聯絡人姓名：_____

公司：_____

聯絡日期：_____

回應：_____

見面日期：_____

對話筆記：_____

_____

_____

_____

_____

_____

_____

_____

_____

_____

_____

_____

_____

_____

聯絡人姓名：_____

公司：_____

聯絡日期：_____

回應：_____

見面日期：_____

對話筆記：_____

_____

_____

_____

_____

_____

_____

_____

_____

_____

_____

_____

_____

_____

對 話 5

聯絡人姓名：_____

公司：_____

聯絡日期：_____

回應：_____

見面日期：_____

對話筆記：_____

_____

_____

_____

_____

_____

_____

_____

_____

_____

_____

_____

_____

_____

聯絡人姓名：_____

公司：_____

聯絡日期：_____

回應：_____

見面日期：_____

對話筆記：_____

_____

_____

_____

_____

_____

_____

_____

_____

_____

_____

_____

_____

_____

對 話 7

聯絡人姓名：_____

公司：_____

聯絡日期：_____

回應：_____

見面日期：_____

對話筆記：_____

_____

_____

_____

_____

_____

_____

_____

_____

_____

_____

_____

_____

_____

聯絡人姓名：_____

公司：_____

聯絡日期：_____

回應：_____

見面日期：_____

對話筆記：_____

_____

_____

_____

_____

_____

_____

_____

_____

_____

_____

_____

_____

_____

_____

做出好選擇：
放手，然後前進

做出重要決定後，無論是大決定或小決定，你都必須先放手、願意前進，才有辦法成功執行那項決定。接下來的練習會協助你完成這個步驟。放手是選擇流程中非常困難、也非常重要的最後一步。「生命設計」的確有無數個可能性，但不能讓自己陷入無窮無盡的選擇。遲疑的時候，記得放開不必要的選項，進入下一個階段。既然做了選擇，就要好好活出那個選擇。

擁抱你的選擇

不快樂的人常講一句話:「那個時候感覺這是個好主意。」言下之意,自然是實際情形不太理想。那些人通常說得沒錯,「當時看來」確實是個好主意——只是後來出於無法預期的原因,事情生變。太多人因為缺乏明確的決策意識,日後產生不必要的懊悔。以下的反省練習可以協助各位記錄,為何你現在做的決定是個好決定。弄清楚這件事,對今日和明日來講都是好事,反省與牢記初衷是制勝的關鍵!

為什麼你做了這個選擇?

你把心力放在哪些事情上,因此踏上這條路?

你預料會碰上哪些困難?

要把精力放在哪裡,才能享受你所做的決定?

別再跑倉鼠轉輪

設計師不會一邊在原地打轉,一邊想著當初要是怎樣怎樣就好了。設計師不會因為懊悔當初,浪費自己的未來。你可以用哪三種方法,讓自己逃脫倉鼠轉輪,選擇幸福呢?寫下那些方法。

失敗
只不過是
成功的
素材。

在失敗中前進

人有失手，馬有亂蹄，因此一定要瞭解失敗在生命設計流程中代表的意義：你沒有失敗，只是在不斷進步、不斷學習。以下這個簡單練習，可以協助各位從不同的角度看待失誤，做到「對失敗免疫」。

牛刀小試

回想過去兩週你搞砸了哪些事？在表中列出你「失敗」的事，接著細分成三種：「失誤」、「弱點」、「成長機會」。最後寫下心得，以後不再重蹈覆轍（請見第一行的範例）。

失敗	失誤	弱點	成長機會	心得
嚇爺人一跳的電話			X	先禮貌問候，確認談話主題

不是所有的失敗
都一樣

失誤＝

通常會做對的事，出現了單純的錯誤。沒有需要學習的地方；
只需要道歉，繼續前進就好。

弱點＝

一直存在的缺點帶來的錯誤。這類型的錯誤會反覆出現，最佳
策略是避開會導致相關錯誤的情境。

成長機會＝

這類失敗的源頭找得出來，也有辦法修正。我們的注意力應該
放在這類型的錯誤。

心得＝

真正改善後所學到的事。哪裡出了錯（關鍵的失敗因素）？下
一次可以改成哪種作法（關鍵的成功因素）？

建立你的團隊

所有的優秀設計成果都源自通力合作。設計生命時，你不是一個人。一旦你加入一群人，像是感興趣的朋友、同事、家人，就會出現更成功的設計結果。畢竟你不是唯一的當事人；你的生命設計將影響到許許多多的人。

牛刀小試

回想一下討論人生觀與工作觀時,你曾經互動的人,或是在你的「好時光日誌」(第 20 頁至 46 頁)中,與帶來精力的活動相關的人士。將那些人分成「支持者」、「參與者」、「親友團」。

支持者:他們守在你身旁,鼓勵你走下去,提供實用的意見。有的支持者是你的朋友,但不是所有的朋友都是支持者。此外,有的人支持你,但並未扮演朋友的角色。

我生活中的支持者:

1. _____
2. _____
3. _____
4. _____
5. _____

參與者:他們積極參與你的生命設計計畫──尤其是與主副業的專案及原型相關的人士。他們是你實際上一起共事的人,也就是所謂的「同事」。

我生活中的參與者:

1. _____
2. _____
3. _____
4. _____
5. _____

親友團:包括最親密的家庭成員與好友。這群人大概最直接受到你的生命設計的影響。

我生活中的親友團:

1. _____
2. _____
3. _____
4. _____
5. _____

社群的功用，
不只是分享資源，
或偶爾找時間聚一聚。
社群成員出席並**參與**彼此的
生命創造歷程。

你 的 生 命 設 計 團 隊

你認為會最積極參與生命設計的三到五人：

1. _____

2. _____

3. _____

4. _____

5. _____

成立生命設計團隊的訣竅：

- 如果你尚未接觸成員，展開對話——快去找他們。

- 記錄求助日誌（請見第 122 至 142 頁），寫下你需要幫忙的問題，隨時放在手邊。每星期依據日誌上的記錄，找出幾位能協助你的人士。寫下你從對方身上得到的答案與心得。

- 確認每個人手上都有一本《做自己的生命設計師》（或是發給每人一本），好讓每一位成員理解生命設計的原理，也知道團隊扮演的角色與原則。

- 商量好定期聚會，以社群的形式，一起積極打造出設計精良的生命。

相信自己的
內在聲音

若要做出好決定，有時我們需要的不只是更多資訊，還得透過智慧中樞，靠著充分的情緒覺察，辨認出較為理想的決定。促進洞察力的方法是在安靜的空間寫日誌，組織自己的想法。接下來的空白頁提供大量的寫作空間，各位可以藉由每日寫下自己的想法，進入生命設計的心態。

牛 刀 小 試

先前的「好時光日誌」直接點出該記錄什麼,接下來的空白頁則讓各位自由發揮。下方的問題提供一些起點,但是各位也可以提出別的問題,並且找出答案。

開始設計生命之後,你的觀點發生了什麼變化?

你想多瞭解哪些事?誰可以幫忙?

你可以從事哪些個人修練(例如:創意活動或性靈活動),
掌握自己的情緒,增強判斷力?

你下一步要做什麼?

最後問問自己,你的日子過得如何?

日期：_____

日期：＿＿＿＿＿＿＿＿＿＿＿＿＿＿＿＿

日期：＿＿＿＿＿＿＿＿＿＿＿

大部分的生命設計，

目標是在不完全

換一個人生的前提下，

就能調整、

改善目前的生活，

例如不必換工作、搬家，

或是重返校園念研究所。

日期：＿＿＿＿＿＿＿＿＿＿＿

日期：＿＿＿＿＿＿＿＿＿＿＿＿

日期：＿＿＿＿＿＿＿＿＿＿

日期：＿＿＿＿＿＿＿＿＿＿

日期：＿＿＿＿＿＿＿＿＿＿＿＿＿

人無法預測未來，
但只要你開始設計一件事，
就能改變未來。
你永遠有可能
改變自己的人生。

smile 160
做自己的生命設計師——你的專屬練習祕笈
「設計思考」不可或缺的互動實作指南
作者：比爾・柏內特、戴夫・埃文斯（Bill Burnett & Dave Evans）
譯者：許恬寧
責任編輯：潘乃慧
封面設計：Marysarah Quinn & Jessie Kaye
美術編輯：何萍萍、許慈力
校對：呂佳真
出版者：大塊文化出版股份有限公司
www.locuspublishing.com
台北市105022南京東路四段25號11樓
讀者服務專線：0800-006689
TEL：(02) 87123898　FAX：(02)87123897
郵撥帳號：18955675
戶名：大塊文化出版股份有限公司
法律顧問：董安丹律師、顧慕堯律師
版權所有　翻印必究

總經銷：大和書報圖書股份有限公司
地址：新北市新莊區五工五路2號
TEL：(02) 89902588　FAX：(02) 22901658

初版一刷：2019年1月
初版八刷：2024年8月
定價：新台幣320元
Printed in Taiwan